ÉTUDES

SUR

LA CULTURE, LE COMMERCE ET LES INDUSTRIES

DU LIN ET DU CHANVRE

EN FRANCE.

PREMIÈRE PARTIE.

DU CHANVRE

DANS LE DÉPARTEMENT DE LA LOIRE-INFÉRIEURE ET SUR LES RIVES
DE LA LOIRE.

Par Aug. CHEROT,

ANCIEN ÉLÈVE DE L'ÉCOLE POLYTECHNIQUE, MANUFACTURIER ET
FILATEUR A NANTES.

NANTES,

IMPRIMERIE DU COMMERCE, V. MANGIN,

FOSSE, 25, ET RUE NEUVE DES CAPUCINS, 10.

AOUT 1844.

ÉTUDES

SUR

LA-CULTURE, LE COMMERCE ET LES INDUSTRIES

DU CHANVRE

DANS LE DÉPARTEMENT

DE LA LOIRE-INFÉRIEURE.

Conduit par les circonstances à consacrer mon travail à une fabrication dont nos *chanvres* sont la matière première, j'ai vu le champ des industries dont ils peuvent être l'élément s'agrandir peu à peu devant moi ; et l'étude de leur position présente, celle de leur avenir possible, m'ont amené à cette conviction, que là pouvaient se rencontrer les bases d'une vaste exploitation commerciale, un aliment intéressant de notre commerce d'exportation.

Et ce commerce est au moins la moitié de la vie d'un grand port.

Parmi les faits de l'histoire industrielle et commerciale des temps modernes, qu'ont mis en relief les travaux des économistes, un surtout doit particulièrement frapper les hommes qui sont attachés à la prospérité commerciale du port de Nantes, c'est le étrangers un fret de retour, ou aux nationaux un fret d'aller, est non-seulement une condition première d'économie dans la navigation, mais une source certaine de relations commerciales, puisque le commerce n'existe réellement que là où il y a échange et ne peut se porter que là où il rencontre un objet d'échange, soit dans un produit naturel du sol, soit dans ceux de l'industrie des habitants.

Or, il ne peut y avoir de commerce stable et vivace avec l'étranger, que celui qui implique une supériorité quelconque pour l'expéditeur ou l'exportateur, soit que cette supériorité dans le produit expédié ou importé provienne d'un avantage naturel au pays, soit qu'elle soit le résultat d'une prééminence industrielle locale.

Par les premiers produits, j'entends les productions immédiates du sol, les autres comprennent les articles d'industrie.

La culture et l'industrie du chanvre peuvent être la base d'un commerce d'exportation. Eh bien ! au premier de ces points de vue, j'envisage la culture du chanvre dans nos contrées; au second, les articles manufacturés dont il peut être la matière première, et dans leurs succès, un élément d'avenir pour notre commerce.

Sans doute on s'étonnera de me voir attribuer, sans hésitation, une pareille importance au chanvre, que nous avons, jusqu'à ce jour, à peine considéré comme un article de commerce sur la place de Nantes ; mais n'avons-nous pas sous les yeux de nombreux exemples de ces révolutions industrielles et commerciales, qui portent subitement du dernier rang au premier telles cités dont l'importance était presque nulle quelques années auparavant ? et ce résultat, uniquement produit par l'importance commerciale acquise tout-à-coup par un nouvel objet d'échange?

Leeds en Angleterre, Dundee en Écosse, Belfast en Irlande,

naguère ports à peu près inconnus des Trois-Royaumes , sont devenus riches et puissants, grâce à la prospérité rapide de la filature
du lin ; et cependant aucun d'eux ne réunit le double élément de
supériorité pour l'exportation dont j'ai parlé ; leurs habitants ne
font qu'exercer une industrie vaste et active sur une matière première , pour laquelle ils sont tributaires de l'agriculture du
continent.

Aussi , je le répète , et c'est ma conviction profonde, la culture
du chanvre et le développement des industries qui manufacturent
cette plante textile , pourraient devenir pour Nantes les sources
d'un mouvement commercial considérable.

Le chanvre, à l'état où il passe des mains du cultivateur à celles
de l'industriel , devrait être un article important de nos exporta-
tions ; il peut facilement le devenir à certaines conditions , que je
me propose d'exposer. Quant aux, produits manufacturés dont il
est la base, si nous avions une partie de l'énergie et de l'esprit
d'industrie anglais , depuis longtemps ils seraient devenus un
aliment immense et spécial des expéditions de notre place.

Ancienne position de l'industrie du chanvre. Et cette position ne serait que la restauration d'une position ancienne et autrefois prospère. A l'époque des beaux jours du commerce
de notre ville, la culture et le commerce du chanvre, celui de stoiles,
jouissaient d'une importance qui s'est perdue depuis. A l'appui de
cette assertion , je me bornerai à citer deux faits intéressants que
je trouve dans un document publié par les états de Bretagne : le
premier , ce sont les plaintes énergiques adressées aux états par la
Société d'agriculture , commerce et arts qu'ils avaient établie ,
plaintes qui signalent *la diminution de la culture et du commerce du*

chanvre en Bretagne, par suite de la défense faite par le gouvernement de l'exporter.

Le second est le relevé officiel des expéditions de toiles de chanvre faites par le port de Nantes pour l'Afrique et l'Amérique du Sud, expéditions qui s'élèvent à 265,513 pièces d'un seul article de toile, dans les années comprises de 1749 à 1754.

Certainement, ce chiffre n'est pas à comparer à ceux des expéditions actuelles des villes manufacturières anglaises que j'ai citées plus haut ; mais si l'on se reporte à l'état de l'industrie à cette époque, son importance relative est très-considérable.

Rappelons-nous, de plus, que sur les marchés de l'Amérique du Sud, une désignation particulière *(britannias illegitimas)* a longtemps distingué de nos articles toiles les produits similaires anglais qui sont venus les supplanter, et peut-être dès à présent se sentira-t-on moins éloigné de partager cette conviction, que les articles chanvre pourraient être appelés à reconquérir la place dont les ont dépossédés les articles lin anglais,

C'est avec cette espérance que je me propose d'entrer dans quelques détails circonstanciés, tant sur la nature de nos productions en ce genre et de celles que nous pourrions obtenir, que sur les qualités et conditions auxquelles elles pourraient devenir l'objet d'un commerce actif d'exportation.

Emploi du chanvre. Le chanvre en lui-même, c'est-à-dire tel qu'il sort des mains des cultivateurs, est l'objet d'un commerce considérable que la Russie est en possession d'alimenter à peu près seule aujourd'hui ; les produits principaux fabriqués avec cette plante textile, tels que les cordages, les ficelles de tout genre, les fils propres à la fabrication des filets, les fils pour le tissage de toiles de variétés nombreuses donnent également lieu à des transactions majeures et multipliées.

Tous ces articles, depuis le chanvre jusqu'aux tissus qu'on en fabrique, ne seraient-ils pas des élémens précieux de notre commerce d'exportation, s'ils pouvaient arriver sur les marchés étrangers dans les conditions favorables à la vente?

Et ce commerce, indépendamment des avantages que j'ai signalés, n'aurait-il pas pour premier et immédiat effet d'être une source de richesse pour nos agriculteurs et nos industriels?

Mais, je viens de le dire, certaines conditions sont nécessaires pour obtenir ce résultat économique, et c'est à leur point de vue qu'il faut étudier le chanvre et ses produits considérés dans leur état actuel, et rechercher en même temps quelles améliorations pourraient conduire à ces conditions nécessaires à là création d'un article commercial; c'est-à-dire, et je le répète, d'un article d'échange sur les marchés étrangers. — Elles me paraissent pouvoir se résumer dans les trois suivantes :

1º Qualité dans le produit, pour déterminer la préférence du consommateur ;

2º Abondance de la marchandise ou production suffisante pour satisfaire aux demandes ;

3º Bon marché dans le prix de revient, afin de permettre la concurrence contre les produits similaires étrangers. Et c'est sous ce triple aspect que je vais considérer d'abord nos chanvres, et en second lieu, leurs articles manufacturés.

Qualités des chanvres de la Loire.

Le chanvre de France, tel que le produisent les contrées

riveraines de la Loire, est incontestablement d'une qualité tout-à-fait supérieure, et sa culture est une des plus grandes richesses de notre sol. Cependant, le commerce extérieur sur cet article est à peu près nul aujourd'hui, et l'agriculture est bien loin de consacrer à sa production toutes les terres où il réussirait à merveille ; ces deux faits, du reste, se lient intimement et sont le résultat des mêmes causes.

J'ai pu constater par moi même, en Angleterre, que nos voisins, excellents appréciateurs en commerce et en industrie, reconnaissent hautement la supériorité de nos chanvres sur ceux de la Russie, mais n'en alimentent pas moins leur marine et leurs manufactures presque exclusivement avec des chanvres du Nord.

Ce fait remarquable, qui peut-être n'est pas assez connu, est du moins aussitôt expliqué qu'observé; il est le résultat, non pas d'une différence de prix en faveur des chanvres russes, mais de cette circonstance unique, que les chanvres sont parfaitement préparés par le cultivateur du Nord, tandis que les nôtres sont livrés au commerce en un état de préparation non-seulement imparfait, mais notablement désavantageux pour celui qui les met en œuvre.

Il m'a donc été très-facile de me convaincre que, pour établir une concurrence avantageuse sur presque tous les marchés où les chanvres du Nord règnent aujourd'hui sans partage, il n'y aurait qu'à purger les chanvres de France des défauts essentiels qui les font rejeter ; or, ce résultat serait d'autant plus facile à obtenir que ces défauts proviennent entièrement de la routine ou de l'ignorance du cultivateur français.

La conséquence de ces améliorations serait l'accès, j'allais dire l'envahissement des marchés anglais, car le débouché, provoquant l'extension de la culture, aurait pour conséquence le maintien des prix à un taux normal, nécessaire pour soutenir la concurrence.

Défectuo - sités de ces chanvres. Les principales défectuosités présentées par nos chanvres sont les deux suivantes :

1° Après le rouissage, et avant de passer au travail de la *broie*, qui a pour but de séparer la fibre du chanvre de la chenevotte, la plante est chauffée et desséchée dans des fours, dont la chaleur devrait être seulement suffisante pour rendre la chenevotte cassante ; mais l'impatience de ceux qui font cette opération étant la seule règle qu'ils suivent pour le refroidissement des fours, ceux-, ci sont généralement maintenus à une température beaucoup trop élevée ; ce degré de chaleur dessèche sans trop lui nuire le pied de la plante ; mais agissant avec trop d'énergie sur la tête, qui est beaucoup plus tendre, altère considérablement cette partie, et souvent la réduit à ne plus offrir qu'une fibre inerte ; elle n'est plus alors susceptible d'être divisée par le sérançage ou peignage, et d'offrir une résistance suffisante ; la presque totalité de nos chanvres broyés est ainsi livrée au commerce plus ou moins brûlée, et la dépréciation s'étend de 15 à 25 et 30 pour cent.

2° L'usage de nos cultivateurs, en récoltant le chanvre, est d'arracher la plante et de n'en point séparer la racine : la partie du filament qui s'en détache, à la suite des opérations pratiquées sur le chanvre, est soigneusement conservée par le cultivateur, par l'unique raison qu'elle augmente le poids de la marchandise à vendre ; or, cette partie du filament ne constitue qu'une matière qui n'est pas divisible de manière à produire de la filasse, et dont ceux qui travaillent le chanvre doivent le purger par une opération préliminaire. De plus, la chenevotte adhérente à ces *pattes* (ainsi les désigne-t-on) est beaucoup plus difficile à séparer, et le cultivateur en prend occasion de laisser dans le pied de son chanvre une grande quantité de chenevotte.

3° Enfin, les broies dont on se sert sont très-imparfaites : à mesure qu'elles brisent la chenevotte, elles brisent également une partie du filament, de manière à ce que le chanvre livré au commerce présente une fibre longitudinale hérissée dans toute sa longueur de petites fibrilles qui, au peignage, produisent une grande quantité d'étoupes.

Ainsi, nos chanvres sont généralement brûlés dans la partie supérieure des filaments.

A la partie supérieure, ils présentent 12 à 20 pour 100 de matières grossières, dont l'emploi est impossible en fabrication.

Ils sont très-imparfaitement purgés de chenevotte.

Enfin, le mode actuel de broyage, en brisant une partie notable des filaments propres à produire de la filasse, diminue dans une forte proportion le rendement que l'industrie pourrait obtenir des chanvres par l'opération du peignage.

Les chanvres du Nord sont, en général, exempts de ces défauts.

Leur préparation, quoique loin d'être parfaitement conduite,

ne des résultats bien supérieurs à ceux dont se contentent nos cultivateurs.

Le pied, ou partie inférieure, est parfaitement net et ne présente pas d'autre difficulté au peignage que le reste du filament ;

celui-ci, dans toute sa longueur , est entièrement purgé de chenevotte.

L'état, après broyage, laisse peu de chose à désirer , comparativement à celui que présentent nos chanvres.

De là la préférence généralement et constamment accordée aux chanvres du Nord sur les chanvres de France , malgré la qualité incontestablement supérieure de ces derniers, et par une conséquence nécessaire, l'exportation des chanvres de France est devenue positivement nulle.

Que , contrairement à ce qui est , nos chanvres viennent à présenter au consommateur étranger les conditions qu'ils recherchent dans les chanvres de Russie , ils obtiendront promptement la préférence sur ceux-ci : il n'est pas un fabricant anglais qui ne soit prêt à le déclarer.

Toute la question se réduit donc à rechercher les moyens de donner à nos chanvres cet état de préparation qui fait justement loi sur les marchés du dehors.

Amélioration qu'il est nécessaire de leur apporter. Les moyens ne peuvent être indiqués que par l'étude des procédés et des usages des cultivateurs du Nord, mis en comparaison avec les nôtres , et l'exposé des améliorations qu'il serait si facile d'apporter à diverses pratiques dont l'existence actuelle ne peut être expliquée que par une routine aveugle ou une cupidité frauduleuse.

Je passerai donc successivement en revue les diverses opérations que le chanvre doit subir pour arriver à l'état marchand , et qui sont jusqu'à ce jour pratiquées par l'agriculteur.

La préparation de la terre , la nature des semailles , le mode d'ensemencement, le soin de la plante jusqu'au moment de la récolte, ont certainement une grande influence sur la qualité de la plante ; mais leur étude appartient plus particulièrement à l'agriculture, et ce n'est que des préparations pour ainsi dire mécaniques et se rattachant au travail industriel du producteur qu'il doit être ici question.

Récolte de la plante. 1° *La récolte de la plante* se fait, dans nos contrées, par l'arrachage, comme je l'ai déjà dit ; il paraît que dans plusieurs districts du Nord la plante est coupée au-dessus du sol à l'aide de la faulx ou de la serpe : cette méthode rendrait compte directement de l'état de netteté dans lequel les chanvres du Nord se présentent sur les marchés, état si différent de celui de nos chanvres de la Loire. Quoi qu'il en soit, ce dernier est un des plus grands obstacles à la vente de ceux-ci à l'étranger. Quelle que soit l'industrie qui doive les mettre en œuvre, elle donnera toujours la préférence au chanvre qui n'exige pas un travail préparatoire pour être séparé de parties impropres à toute fabrication, et qui constituent une perte à peu près sèche. Cette conservation de la racine de la plante est une des plus fâcheuses coutumes qui persistent chez le producteur. Il est du plus grand intérêt pour l'industrie et le commerce des chanvres qu'elle vienne à disparaître.

Rouissage. 2° *Le rouissage* des chanvres de la Loire se fait généralement dans de bonnes conditions ; l'observation des faits et des expériences spéciales ont établi que les chanvres rouis dans les eaux courantes présentent, avec une plus belle couleur, une plus grande force dans la résistance de leurs fibres. Les eaux de la Loire sont tout-à-fait favorables pour assurer aux chanvres ces qualités, à la condition toutefois que le rouissage ait lieu hors de l'influence des marées. En général, les contrées du Nord sont loin d'être aussi favorisées pour l'opération du rouissage ; aussi les habitants ont-ils perfectionné leurs méthodes, ainsi qu'on en peut lire la description dans divers ouvrages. Une circonstance digne de remarque, c'est que « au sortir du dernier bassin du routoir, dit un de ces « Mémoires, on coupe la racine des chanvres. » L'adoption d'un pareil usage est une des améliorations le plus à souhaiter.

Dessication
dans les fours. 3° *Dessication du chanvre roui, dans les fours.* — J'ai indiqué le grave inconvénient qui résulte, pour la majeure partie de nos chanvres, de la méthode employée par nos cultivateurs, inconvénient qui est de *brûler*, au détriment du producteur comme du consommateur, 1\4 ou 1\3 de la longueur de la plante. Ce défaut des plus graves, et que l'on est presque accoutumé de considérer comme inévitable, tient à la précipitation du cultivateur, et, je crois, à la défectuosité des fours. L'usage est d'employer pour cette opération les fours ordinaires qui paraissent présenter, par leur construction, des conditions tout-à-fait défavorables. Dans le Nord, on construit pour le même usage des fours ou *haloirs* en argile, très-surbaissés, et qui contiennent jusqu'à huit cents poignées de chanvre. On le chauffe autant que possible avec du bois mort, des fagots d'ajoncs, de genêts, et seulement pour la première fois ; les déchets les plus grossiers du chanvre, les balayures suffisent ensuite.

La dessication dans des étuves paraîtrait devoir donner des résultats beaucoup plus satisfaisants : je n'ai pu recueillir aucune donnée d'expérience à ce sujet; mais je ne saurais trop insister sur l'importance de modifier la routine actuelle, à laquelle on doit chaque année la déperdition d'une grande valeur de chanvre.

Cette dessication dans les fours est-elle donc une préparation indispensable ? Telle n'est pas mon opinion ; je pense que la nécessité en a été créée par l'imperfection de l'instrument qui, dans nos campagnes, est employé pour le broyage du chanvre ; je me suis convaincu que des machines à broyer, construites en rapport avec les progrès de la mécanique, débarrassaient parfaitement le filament du chanvre de la chenevotte sans que celle-ci eût subi l'opération préliminaire du chauffage au four. Aussi, je crois que dans la propagation de l'emploi de ces machines, ou du moins de machines conduisant à ce résultat, repose tout l'avenir des améliorations qu'il est possible d'apporter à la préparation du chanvre. La principale de ces améliorations est le perfectionnement du broyage.

Broyage.

4° *Broyage du chanvre.* — Cette préparation est la dernière qui soit du ressort du cultivateur; il est inexplicable qu'elle se soit perpétuée jusqu'à nos jours défectueuse comme elle est : elle consiste, comme on le sait, à briser la chenevotte suffisamment desséchée, à l'aide d'un instrument connu sous le nom de *broie* ou *braie.* Cette préparation est généralement faite par des femmes qui ne produisent qu'une faible quantité d'ouvrage par jour et d'ouvrage mal fait. Cette main-d'œuvre est donc très-chère, et de plus la difficulté de réunir un atelier de *broyeuses* suffisant est un des plus grands obstacles à la culture du chanvre. A ce point de vue seul, il serait donc déjà important, et même urgent, d'apporter une amélioration aux procédés en usage.

Mais je vais plus loin, et je considère que le mode de broyage actuel est non-seulement un élément de cherté dans le prix de revient, mais encore une cause active de détérioration et de dépréciation pour nos chanvres. En effet, l'opération la plus parfaite serait celle qui, en séparant la chenevotte, laisserait à la fibre filamenteuse toute son intégrité ; or, pour toute personne qui a observé le broyage, tel qu'il se pratique dans nos campagnes , il est évident que l'ouvrier, tout en brisant la chenevotte , hache continuellement et successivement la fibre dans toute sa longueur, de sorte que la quantité de *brins courts* s'accroît considérablement , tandis que la proportion des *brins longs* diminue. Ceci, au point de vue des opérations manufacturières , est un grave inconvénient , la différence de qualité et de valeur entre ces deux sortes de filasses étant considérable. Le remède serait dans l'introduction, parmi les habitants de nos campagnes, soit d'un mode de broyage plus rationnel, soit d'un instrument perfectionné.

Les procédés employés par les cultivateurs du Nord (1) sont certainement supérieurs à ceux de nos producteurs ; je ne pré-

---

(1) Les documents que l'on peut consulter sur le travail des chanvres en Russie ne sont malheureusement pas récents. Mais quelques-uns qui datent à peu près du commencement de ce siècle nous donnent les renseignements suivants sur le broyage :

Dans plusieurs districts du Nord, il paraîtrait que l'on fait usage d'une broie un peu différente des nôtres. Au lieu de consister seulement en un double couteau entrant entre deux mâchoires , la moitié de cet instrument , à partir du point d'appui, serait pleine, et, la partie fixe, ainsi que la partie mobile, seraient dentelées en crémaillère dont les dents sont engrenantes les unes dans les autres; cette moitié de l'instrument, où s'exerce la plus grande force, à raison de la longueur du bras de levier, serait consacrée à l'écrasement de la chenevotte qui aurait lieu sans ce hachement continu dont j'ai parlé : l'opération gagnerait aussi en célérité.

Un autre procédé de beaucoup préférable, est-il dit, tant à raison de l'énorme économie qu'il permet de réaliser, que de son mode d'action tout-à-fait rationnel, est en usage dans d'autres parties de la Russie. Un moulin à vent, une chute d'eau ou des chevaux, font mouvoir circulairement, sur une meule en bois légèrement inclinée et bien dressée, un rouleau conique en pierre également poli ; le chanvre,

tends pas qu'ils soient les meilleurs à suivre , mais du moins il est incontestable que l'ensemble de leurs préparations amène leurs chanvres à un état bien préférable à celui des nôtres , et qui fait loi sur tous les marchés de l'Europe.

Améliorer les chanvres de manière à les amener , au moins , à cet état qui satisfasse aux habitudes du consommateur , n'est pas chose difficile, mais il faut que le gouvernement cherche à parvenir à ce but avec une sérieuse sollicitude. Les moyens d'action dont il dispose , soit directement , soit par l'intermédiaire des administrations locales , peuvent y conduire ; il ne s'agit que de les appliquer avec intelligence et persévérance.

Je ne me dissimule pas la difficulté de détruire une vieille routine et de substituer des procédés nouveaux à d'anciennes pratiques , lesquelles, outre qu'elles sont consacrées par l'usage , ouvrent l'accès à une foule de fraudes , si chères , malheureusement , aux habitants des campagnes. Les conseils et les préceptes sont généralement impuissants et viennent se briser contre la coutume , quoique appuyés sur la raison et le bon sens. C'est surtout par l'exemple qu'il faut parler; les démonstrations de l'expérience sont seules sans réplique.

De la création d'établissements spéciaux qui se chargeraient des préparations du chanvre.

Dans ce but, il me paraît que rien ne serait plus efficace que l'existence , dans nos contrées , *d'un établissement industriel qui*

---

en chenevotte, est disposé sur le plateau inférieur dans le sens du rayon, et le mouvement de rotation de la pierre suffit, après un temps suffisamment long , pour écraser la chenevotte, qu'il devient facile de détacher, en la secouant du filament qui conserve ainsi toute son intégrité. — Le même document ajoute que les chanvres ainsi broyés se vendent 15 à 20 p. 0/0 plus cher que ceux préparés avec la broie ordinaire.

se chargeât de toutes les préparations à donner au chanvre, acheté au moment de la récolte au propriétaire-cultivateur.

Les conséquences d'une pareille création seraient immenses, si elle venait à se multiplier ; ainsi la culture du chanvre pourrait prendre une extension presque indéfinie. En effet, si cette culture est une des plus riches de nos départements, elle est aussi la plus difficile; à raison des soins et des manutentions multipliées, nécessaires pour amener le chanvre à l'état marchand ; elle est véritablement *petite culture*, et donne pour six ou huit mois de travail au producteur, qui, ayant emmagasiné son chanvre après le rouissage, ne le prépare et ne l'amène au marché que successivement, et suivant que le permettent ses autres occupations ou que l'exigent ses besoins. Le propriétaire à la tête d'une exploitation un peu considérable est forcé de renoncer à cette culture ; l'impossibilité pour lui de surveiller, de faire exécuter, même les travaux détaillés plus haut, est manifeste : ceux qui l'ont tenté, ont reconnu qu'ils étaient loin de pouvoir arriver au même résultat que le petit cultivateur et avec la même économie que lui ; comme cela, du reste, est toujours vrai, en thèse générale.

Au contraire de cette position, qu'aussitôt le chanvre parvenu à maturité, le propriétaire trouve pour sa récolte un acquéreur qui le débarrasse de tout autre soin ; cette culture devenue aussi simple que celle des céréales s'étendra avec rapidité, car chacun sait combien elle est lucrative : ensemencée vers le milieu de mai, la terre amène la plante à maturité dès le commencement d'août, et la récolte donne un résultat bien supérieur à celui des meilleures prairies. Le débouché nécessaire aux propriétaires du sol ne peut guère leur être offert que par des établissements fondés sur le plan que j'ai indiqué.

Ceux-ci achèteraient le chanvre, soit avant, soit après le rouissage; leur affaire ensuite serait de lui faire subir les opérations suivantes de dessication et de broyage par l'application en grand de procédés mécaniques, au moyen desquels on obtiendrait sans nul doute une économie notable dans le travail et une qualité supérieure dans le produit. — La consommation trouverait à s'alimenter ainsi d'un article de nature et de qualité constantes, et suivant moi le commerce à l'étranger, de nos chanvres, en serait la conséquence rapide et inévitable. — Car les cultivateurs qui continueraient à préparer leurs chanvres, devraient forcément se conformer à un état de préparation qui deviendrait bientôt une règle.

L'action du gouvernement me paraît toute tracée pour l'obtention d'un résultat si désirable : — Provoquer la fondation d'établissements industriels de ce genre; — les encourager et les soutenir dans leurs débuts.

Conséquences pour le département de la Loire-Inférieure.

Le département de la Loire-Inférieure pourrait en recueillir un accroissement de richesse agricole considérable, et le commerce de Nantes s'emparer d'une branche commerciale nouvelle et importante.

Ce département renferme, en effet, sur les rives de la Loire, tant au-dessus qu'au-dessous de la ville de Nantes, d'immenses terrains de marais, dans la majeure partie desquels se développerait richement la culture du chanvre. La superficie totale de ces terres non cultivées a été évaluée à plus de 27,000 hectares. Près de l'embouchure du fleuve, environ 7000 hectares connus sous le nom de Marais de Donges, offrent d'immenses ressources à l'agriculture ; des essais heureux y ont été faits sur le chanvre pendant plusieurs années consécutives ; mais des obstacles sérieux, et qui ne seront levés que par la réalisation d'un concours industriel analogue à celui que je viens de décrire, y ont arrêté l'essor de cette culture : ce sont, d'une part l'impropriété des eaux de la localité pour le rouissage, et, en second lieu, l'impossibilité où se sont trouvés les propriétaires-cultivateurs de rencontrer, dans la population ignorante et disséminée de ces contrées, les moyens physiques de faire exécuter le travail si long et si minutieux du broyage.

On comprend donc que toute une révolution agricole serait produite, le jour où l'industrie se chargerait de la partie du travail du chanvre qui est étrangère à la culture proprement dite, et un obstacle insurmontable pour beaucoup d'agriculteurs.

D'un autre côté, il n'est pas impossible d'apprécier la valeur de cette révolution agricole, que, du reste, personne ne met en doute.

— Il est assez difficile de préciser en chiffres *un produit net*, qui doit varier en raison de la diversité de la nature du sol et des conditions de culture ; mais le produit suivant, obtenu d'un hectare de bonne terre dans les îles de la Loire, au-dessus de Nantes, n'est pas du tout un fait exceptionnel.

1000 kilog. de chanvre marchand, à 80 fr.
les 100 kilog.......................... 800 fr.

A déduire pour frais et dépenses :

Préparation de la terre........... 54 fr.

Semence, 250 litres............. 50

A *reporter*..... 104 fr.   800 fr.

Report........ 104   800

Récolte de la plante (arrachement)... 48

Rouissage..................... 48

Frais pour la préparation du chanvre. 160

Perte d'une année sur huit......... 50

Total... 410   410

Produit net... 390 fr.

Industries du chanvre. Spécialité de ces industries à la France.

J'ai indiqué au commencement de ce Mémoire comment et pour quelles raisons les chanvres de France, si leur préparation était suffisamment améliorée, pourraient devenir l'élément actif d'un commerce d'exportation; mais le chanvre à l'état marchand est essentiellement une matière première, et si les étrangers le tiraient de notre pays, ce ne pourrait être que pour alimenter d'importantes industries ; or , c'est principalement le développement de ces industries parmi nous qui me paraît devoir exciter au plus haut degré l'attention et la sollicitude du gouvernement.

On confond trop généralement l'industrie du lin avec celle du chanvre; il existe entre elles des différences profondes , et ce sont surtout celles qui se lient à la prospérité de l'une ou de l'autre, que je veux m'attacher à signaler.

Avant l'apparition des fils de lin dans le commerce, la filature et le tissage du chanvre avaient une existence spéciale et très-ancienne. Cette existence a été renversée par l'invasion des fils de lin mécanique, et l'industrie entière en a souffert, car elle a été conduite ainsi sur un terrain où la lutte est à peu près impossible, tandis qu'auparavant elle n'avait pas de rivale. Pour moi, je pense , et cette conviction est bien arrêtée, que l'industrie française est entrée dans une fausse voie en s'appliquant à reproduire l'industrie anglaise de la filature du lin. (J'entends sous le rapport des produits où le chanvre peut remplacer le lin, et c'est la masse la plus considérable.) Trop d'avantages étaient acquis aux Anglais pour ne pas rendre cette lutte téméraire. Aussi la filature de lin française, constamment souffrante, ne cesse de réclamer le rehaussement des tarifs protecteurs. Eh bien! je n'hésite pas à l'affirmer, à moins que cette élévation successive des droits ne se termine par une véritable prohibition, la situation de la filature de lin ne s'améliorera pas.

Causes qui s'opposent à la prospérité de l'industrie du lin. Deux causes principales, entre autres, amèneront toujours sur le marché français des fils de lin anglais à des prix ruineux pour nos filateurs.

L'une tient à ce que dans le nombre prodigieux de filatures de lin qui travaillent sur une grande échelle, en Angleterre, beaucoup ne prospèrent pas et sont encombrées de produits. Aussi des spéculateurs, soit anglais, soit français, ont-ils toujours la possibilité d'acheter à des prix avilis, contre argent comptant, des stocks considérables de marchandises que le filateur se trouve trop heureux d'écouler ainsi. De là des masses de fils qui viennent se placer sur notre marché et rendre la concurrence désastreuse.

L'autre cause réside en ce fait caractéristique du génie industriel anglais. Certaines filatures puissantes trouvent plus d'avantage, au point de vue de leurs frais généraux et de l'ensemble de leur fabrication, à filer une quantité donnée et à perdre sur la vente d'une partie de ces fils, plutôt que de restreindre leur production de cette dernière proportion. Mais alors cette réalisation à perdre est toujours faite sur le marché étranger, où elle présente l'avantage de détuire la concurrence. Il y a longtemps que l'industrie coton-nière anglaise se trouve bien de ce procédé, et depuis quelques années les industriels du lin en font l'application à la France et continueront à la faire.

A ces causes de ruine pour notre industrie, il ne se rencontrera guère d'autre remède que la prohibition ; c'est celui dont on a dû faire usage en faveur de la filature de coton.

On peut ajouter que , dans notre empressement *à calquer* pour ainsi dire l'industrie linière anglaise , nous n'avons dirigé nos ef-forts que vers les mêmes produits, c'est-à-dire ceux qui nous étaient importés le plus abondamment d'Angleterre, et cette compétition de l'industrie française sur un marché unique, déjà encombré par les produits de l'étranger, a nécessairement pour résultat une situation de détresse pour tous.

Et pendant ce temps nos voisins conservent le monopole des marchés étrangers.

La conséquence logique de ces considérations, c'est que la vé-ritable voie où doit s'engager l'industrie française, c'est l'exploi-tation d'une branche spéciale de l'industrie linière, non suivie par ses rivaux d'outre-mer et dans laquelle elle rencontre des avanta-ges spéciaux.

Position tou-
te contraire
de l'industrie
du chanvre.

Tels sont, à mon avis , et je le répète , la position et l'avenir offerts par l'industrie du *chanvre*.

Il est facile d'établir qu'aucune des causes de détresse signalées plus haut ne la menacent et ne la menaceront jamais.

Et, en effet , il est incontestable d'abord que tous les produits obtenus par la filature avec des chanvres autres que ceux de France, et en particulier que ceux de la Loire, ne sauraient soutenir aucune comparaison avec les articles similaires provenant de ces derniers.

Eh bien! dans l'hypothèse de chanvres achetés en France par les filateurs étrangers, la matière première leur reviendrait au moins à 10 pour 100 plus cher qu'au filateur français.

Cette différence est la moindre qui puisse résulter de la réunion de tous les frais de *commission, d'achat, conditionnement, embarquement, fret, assurance, droit de balance en Angleterre, change, commission de banque,* etc., etc.

Au contraire, les lins que les filatures françaises achètent aujourd'hui en Russie, pour produire les fils qui suppléent en ce moment les fils de chanvre, ces lins, dis-je, leur reviennent, par suite des droits d'importation en France, et autres circonstances, de 7 à 8 pour 100 plus cher qu'au filateur anglais.

N'est-il pas évident, par la simple opposition de ce double fait, que le travail du chanvre est une spécialité qui appartient à la filature mécanique en France et que le but de celle-ci doit être de s'en emparer, en même temps que celui du gouvernement de l'encourager par tous les moyens en son pouvoir?

Mais cet encouragement doit prendre l'industrie à son point de départ et la suivre dans toutes ses branches; quand une industrie nouvelle est développée en Angleterre, quand il a paru prouvé qu'elle devait constituer une nouvelle source de richesse pour le travail national, le gouvernement anglais a-t-il jamais hésité à l'encourager, à la protéger, à la grandir par tous les moyens dont il lui était permis de disposer?

Si l'on veut étudier dans ce pays, si profondément industriel, l'histoire de cette puissante industrie du lin, on verra avec quelle persévérance, au prix de quels sacrifices le gouvernement l'a conduite jusqu'au jour où sa prospérité a été assurée.

Je ne crois pas être abusé par ma conviction que l'industrie du chanvre est tout-à-fait dans une situation de ce genre, situation dont il est possible de faire surgir quelque chose de grand et qui appartienne au pays.

Le champ ouvert à ses exploitations est vaste et les limites peuvent en être encore reculées : les articles auxquels le chanvre convient le plus essentiellement comme matière première, sont, nous l'avons dit, les cordages, les petites cordes et ficelles de toute nature, les fils pour la fabrication de toutes sortes de filets de pêche, les toiles qui exigent de la solidité et de la durée, en général, toutes celles qui ne sont pas destinées à satisfaire la délicatesse du luxe, mais les besoins de la classe des travailleurs.

Sur le marché intérieur, les produits du chanvre pourront donc conquérir, ou plutôt ressaisir des débouchés considérables. — A l'extérieur, ils peuvent se faire aussi une large place.

Action du gouverne-ment. Cela indique pour le gouvernement deux modes d'action, dont l'efficacité du reste ne saurait être douteuse.

A l'intérieur, provoquer la création des établissements pour le travail du chanvre, plus encore de ceux qui ont pour but d'en améliorer la préparation, que de ceux qui se proposent de le transformer en articles manufacturés. — A tous assurer un encouragement efficace, et il n'en est pas d'un effet plus sûr que celui de leur offrir des travaux appropriés à leur spécialité.

Enfin, leur ouvrir les marchés étrangers.

Commerce d'exportation des produits manufacturés du chanvre.
Certainement, il est bien d'obtenir des autres contrées les stipulations les plus favorables possibles aux produits de notre travail national ; mais, en général, les pays dont nous rencontrons la rivalité obtiennent les mêmes concessions et sont traités sur le même pied que nous. — Nous ne saurions demander davantage ; mais alors nous arrivons sur ces marchés, suivis par les causes de notre infériorité, je veux dire avec des prix de revient généralement plus élevés qui ne nous permettent pas la concurrence.

Lorsque la cause de cette cherté dans la production vient en partie de l'imposition d'une taxe sur la matière première, au profit d'une certaine classe de travailleurs, y a-t-il injustice à en demander le dégrèvement dans le cas d'exportation du produit ?

Évidemment non.

Les articles de coton reçoivent ainsi une restitution de droits. Il en est de même pour les sucres raffinés, auxquels sont affectées des primes de sortie, calculées sur le rendement du sucre brut.

Eh bien ! le chanvre étranger paie à l'entrée en France un droit de 8 fr. et le 10me par cent kilogr. Cette taxe est un impôt au profit de l'agriculteur français, que le pays entier supporte dans l'intérêt de l'agriculture. — Mais il en résulte que le fabricant paie le chanvre 8 fr. 80 c. plus cher par cent kilogrammes que son concurrent étranger.

N'est-il pas juste et naturel que sa marchandise expédiée sur les marchés du dehors soit dégrevée d'une valeur égale à celle qui a été ainsi surpayée ?

Je ne vois donc rien de plus légitime que l'attribution à la sortie des articles chanvres, manufacturés en France, d'une prime calculée suivant la nature du produit.

Je crois aussi cette mesure d'une grave et immense portée. — C'est la création en France de nouveaux articles d'exportation, c'est la consolidation d'une industrie essentiellement nationale, que ne pourra jamais atteindre cette terrible concurrence anglaise, en présence de laquelle notre industrie linière ne paraît pas pouvoir prospérer.

Ce système, du reste, a toujours été mis en pratique par le gouvernement anglais, et notamment en faveur des fabrications du lin.

Position favorable des rives de la basse Loire pour le développement de la culture et des industries du chanvre.

Je n'ai pu indiquer que succinctement les diverses natures de fabrications dont le chanvre pourrait être avec tant d'avantages la matière première préférée, à l'aide de l'application des procédés mécaniques, et j'ai dû le faire d'une manière générale. — Nantes, si heureusement placé au centre de départements où la culture du chanvre réussit mieux qu'en tout autre lieu, n'est-il pas également désigné par la nature pour être le centre d'importantes fabrications qui se lient au commerce maritime ? — La fabrication des cordages, des fils de pêche, de nombreuses variétés de toiles, n'y a-t-elle pas sa place naturelle, tant pour les besoins de la navigation du port, que pour ceux des contrées avec lesquelles cette navigation le met en rapport ? — Toute une branche de prospérité peut être là; il appartient au gouvernement de la développer : les moyens sont en sa puissance, nous demandons qu'il ait la volonté de les appliquer.

Août 1844.

A. CHÉROT.

.

www.ingramcontent.com/pod-product-compliance
Lightning Source LLC
Chambersburg PA
CBHW060514200326
41520CB00017B/5034